KB074714

하루 한 끼

홈카페 브런치

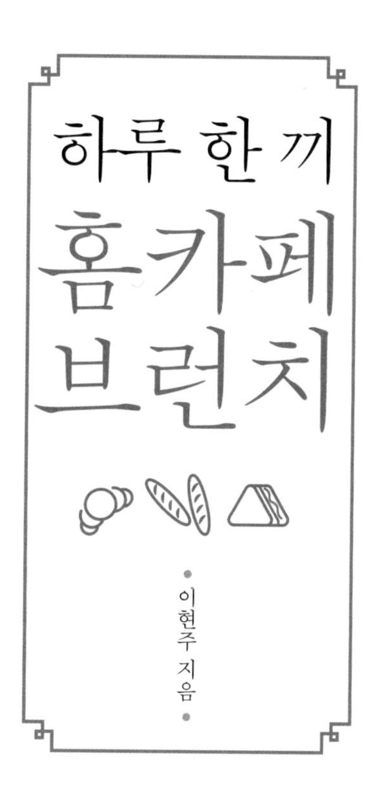

홈스토리

샐러드로 건강을 더한
브런치 레시피

안녕하세요. 레이디스 이현주입니다.
『하루 한 끼 샐러드』를 출간한 지 5년 만에 개정판을 출간하게 되었습니다. 5년 전 저는 '많은 사람들이 먹을거리로 고민하고 있다는 것을 알게 되었습니다.' 라는 말로 첫 책을 시작했습니다. 조금 더 구체적으로 말하자면, 건강한 먹을거리에 대한 고민입니다.

5년이 지난 지금도 이런 고민은 꾸준하게 존재하는 듯합니다. 이 고민에 답이 되고자 만들었던 샐러드 레시피를 모아 『홈카페 브런치』 개정판으로 다시 인사를 드립니다.

하루 한 끼 샐러드로 특별해지는 식탁!

건강한 식단에서 절대 빠질 수 없는 최상의 메뉴는 바로 샐러드입니다. 슈퍼푸드부터 조금은 특별한 재료까지 우리 입맛과 건강을 생각한 50가지의 레시피를 소개합니다. 무엇보다 이번에는 브런치로 대체하기 좋은 샐러드 레시피만을 엄선했으며, 손쉽게 만들 수 있는 30가지의 드레싱 레시피도 함께 소개합니다.

가족은 물론 스스로를 위해서 하루 중 한 끼는 꼭 푸르른 채소와 향긋한 과일을 곁들여 브런치로 만나 보세요.

고맙습니다

항상 저를 든든하게 지켜 주고, 응원을 아끼지 않는 남편과 가족, 블로그 이웃분들께 감사의 마음을 전합니다.

레이디스 이현주

Salad Guide

샐러드와 잘 어울리는 드레싱을 준비하세요!

50가지의 샐러드에 가장 잘 어울리는 30가지의 드레싱을 함께 소개합니다. 미리 만들어 두면 더욱 간편하게 하루 한 끼 홈카페 브런치를 즐길 수 있습니다.

더 건강해진 드레싱 리스트

- ☐ 기본 드레싱
- ☐ 홀그레인 머스터드 드레싱
- ☐ 간장 드레싱❶
- ☐ 간장 겨자 드레싱
- ☐ 고추장 드레싱
- ☐ 요구르트 드레싱❸
- ☐ 요구르트 드레싱❻
- ☐ 홍시 드레싱
- ☐ 참깨 드레싱
- ☐ 동남아풍 드레싱
- ☐ 발사믹 드레싱❶
- ☐ 매실 드레싱❶
- ☐ 간장 드레싱❷
- ☐ 된장 드레싱❶
- ☐ 요구르트 드레싱❶
- ☐ 요구르트 드레싱❹
- ☐ 키위 드레싱
- ☐ 오렌지 드레싱
- ☐ 홍초 드레싱
- ☐ 와사비 마요네즈 드레싱
- ☐ 발사믹 드레싱❷
- ☐ 매실 드레싱❷
- ☐ 간장 드레싱❸
- ☐ 된장 드레싱❷
- ☐ 요구르트 드레싱❷
- ☐ 요구르트 드레싱❺
- ☐ 파인애플 드레싱
- ☐ 파프리카 드레싱
- ☐ 겉절이 드레싱
- ☐ 피넛 버터 드레싱

건강을 담는 샐러드 계량법은 이렇게 따라 하세요!

가루, 액체, 장류 등은 계량 방법이 조금씩 다릅니다. 집에서 쓰는 밥숟가락은 보통 12㎖입니다. 요리를 만들 때는 계량스푼으로 정확하게 계량하는 것이 좋겠지만 현실적으로 밥숟가락으로 하는 경우가 더 많지요. 그래서 이 책에서는 밥숟가락으로 하는 계량법을 선택했습니다.

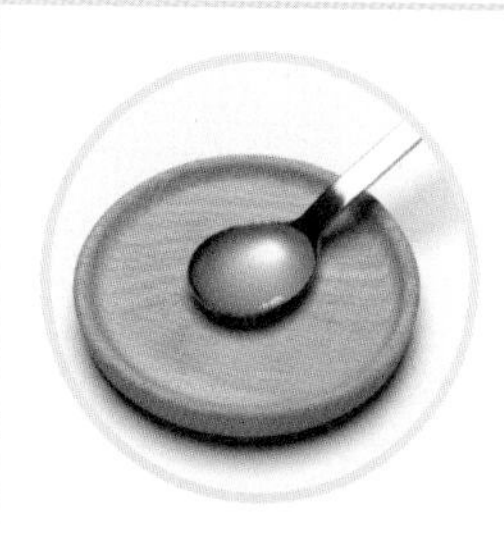

액체류 1큰술 준비하기
숟가락에 재료를 넘치지 않도록 담아 줍니다.

가루류 1큰술 준비하기
숟가락의 윗부분이 봉긋할 정도로 재료를 담아 줍니다.

장류 1큰술 준비하기
숟가락의 윗부분이 봉긋할 정도로 재료를 담아 줍니다.

'작은술'로 준비하기 위의 큰술과 동일한 방법으로 계량합니다.

'약간'과 '적당량'으로 준비하기 이 두 가지 표시는 개인 취향을 뜻하는 계량치입니다. 통후추의 경우 후추통을 좌우로 3번 정도 돌려 갈아 주는 양을 사용했습니다.

'꼬집'으로 준비하기 엄지와 검지로 꼬집어 집히는 양으로, 가루류 재료를 계량하는 방법입니다.

샐러드를 더욱 신선하게 준비하세요!

샐러드를 더욱 신선하게 즐기기 위해서는 채소와 과일의 물기를 제대로 제거해 줘야 합니다. 재료의 물기를 제대로 제거하지 않으면 재료들이 축 처지고 드레싱이 묽어져 맛이 없습니다. 물기를 제거하기 위해서는 샐러드 스피너(탈수기)를 이용해 주세요. 또한 샐러드를 더욱 맛있게 즐기려면 드레싱은 먹기 직전에 곁들이는 것을 추천합니다. 드레싱은 말 그대로 샐러드에 옷을 입히듯 샐러드의 맛을 살려 주는 효과를 내는 것이므로 과도하게 뿌리지 않도록 합니다.

차 — 례

PART 1
건강하게 즐기는 초간단 홈카페 브런치 25

PART 2

유명 카페 부럽지 않은 **럭셔리 홈카페 브런치 25**

Salad Dressing

1. 기본 베이스

기본이 되는 드레싱 비율입니다. 가볍게 만들어 재료의 맛을 살려 주는 드레싱으로 모든 샐러드에 잘 어울립니다. 천일염과 후추는 입맛에 따라 가감하면 됩니다.

2. 오일 베이스

질 좋은 엑스트라 버진 올리브오일은 샐러드의 맛과 풍미를 살려 줍니다. 올리브 열매에서 처음 짜낸 오일을 엑스트라 버진이라 하며 샐러드에 가장 잘 어울리는 맛과 향을 갖춘 오일입니다.

3. 간장 베이스

깔끔한 맛이 나며 한국인의 입맛에도 잘 맞는 드레싱입니다. 간장이 기본 베이스이므로 오일 베이스의 드레싱과 달리 천일염은 빼고 후추만 넣는 것을 권합니다.

4. 된장 & 고추장 베이스

샐러드와 드레싱하면 서양의 맛으로만 생각하기 쉽지만 우리의 된장과 고추장도 훌륭한 드레싱 재료가 됩니다. 장맛은 집집마다 다르니 간이 달라질 수도 있습니다. 입맛에 맞게 가감하면서 색다른 퓨전 드레싱으로 즐겨 보세요.

5. 요구르트 베이스

플레인 요구르트는 약간 달콤한 맛(Sweet Plain)과 전혀 달지 않은 맛(Plain) 두 가지가 있는데 이 레시피에서는 단맛이 약간 함유된 플레인 요구르트를 사용했습니다. 전혀 달지 않은 플레인 요구르트를 사용할 때는 입맛에 따라 제시된 아가베시럽의 양을 더 늘려 사용해도 좋지만 그대로 사용하면 더 좋습니다.

6. 과일 & 채소 베이스

신선한 과일과 채소를 갈아 뿌리면 가볍고 산뜻한 맛의 드레싱이 됩니다. 상큼 달콤한 과일, 싱싱한 채소를 마음껏 활용해 보세요! 이 밖에도 우리가 알아 두면 좋은 여섯 가지 드레싱을 더 소개했으니 자신의 취향과 샐러드에 어울리는 드레싱을 직접 만들어 보세요.

+ 이 책에서 제시하는 드레싱 분량은 1인분 기준입니다. 분량이 늘어날 경우 비율을 2~3배로 늘려 준비하거나 한 번에 넉넉한 양으로 미리 만들어 준비해 보세요.
+ 30가지의 모든 드레싱에는 소금 대신 천일염을 사용했습니다. 천일염은 한꼬집, 후추는 통후추를 세 번 돌려 갈아 뿌렸습니다.
+ 드레싱은 미리 뿌려 두면 재료의 숨이 죽어 샐러드 채소가 축 처지기 때문에 따로 준비해 두었다가 먹기 직전 뿌려 먹는 것이 좋습니다.
+ 아가베시럽 대신 올리고당을 사용하면 더욱 건강하게 즐길 수 있습니다.

Basic Base

기본 드레싱

재료
올리브오일 1큰술 / 레몬즙 2큰술 / 천일염 / 후추

과정
모든 재료를 잘 섞어 준다.

Oil Base

발사믹 드레싱❶

재료
올리브오일 1큰술 / 발사믹 비네거 2큰술
천일염 / 후추

과정
모든 재료를 잘 섞어 준다.

Oil Base

발사믹 드레싱❷

재료
올리브오일 1큰술 / 발사믹 글레이즈드 소스 1큰술
천일염 / 후추

과정
모든 재료를 잘 섞어 주고 마지막으로
발사믹 글레이즈드 소스를 뿌려 준다.

Oil Base

홀그레인 머스터드 드레싱(씨겨자 드레싱)

재료
올리브오일 1큰술 / 홀그레인 머스터드 1작은술
레몬즙 2큰술 / 천일염 / 후추

과정
모든 재료를 잘 섞어 준다.

Oil Base

매실 드레싱❶

재료
올리브오일 2큰술 / 매실액 3큰술
레몬즙 1큰술 / 천일염 / 후추

과정
모든 재료를 잘 섞어 준다.

Oil Base

매실 드레싱❷

재료
올리브오일 1큰술 / 매실액 2큰술
아가베시럽 1큰술 / 천일염 / 후추

과정
모든 재료를 잘 섞어 준다.

Soy Sauce Base

간장 드레싱❶

재료
간장 2큰술 / 레몬즙 2큰술 / 고춧가루 1작은술
깨 1작은술 / 후추

과정
모든 재료를 잘 섞어 준다.

Soy Sauce Base

간장 드레싱❷

재료
간장 2큰술 / 레몬즙 2큰술
올리브오일 1작은술 / 후추

과정
모든 재료를 잘 섞어 준다.

Soy Sauce Base

간장 드레싱❸

재료
간장 2큰술 / 참기름 1큰술
아가베시럽 1작은술 / 후추

과정
모든 재료를 잘 섞어 준다.

Soy Sauce Base

간장 겨자 드레싱

재료
간장 2큰술 / 쯔유 2큰술 / 레몬즙 5큰술
설탕 2큰술 / 매실액 1큰술 / 참기름 1작은술
연겨자 2작은술 / 다진 마늘 1작은술 / 후추

과정
모든 재료를 잘 섞어 준다.

Soybean Paste Base

된장 드레싱❶

재료
된장 1/2작은술 / 마요네즈 3큰술
레몬즙 1큰술 / 후추

과정
모든 재료를 잘 섞어 준다.

Soybean Paste Base

된장 드레싱❷

재료
된장 1/2작은술 / 올리브오일 2큰술
매실액 2큰술 / 후추

과정
모든 재료를 잘 섞어 준다.

Red Pepper Paste Base

고추장 드레싱

재료
고추장 2큰술 / 레몬즙 2큰술
매실액 1큰술 / 깨 1작은술

과정
모든 재료를 잘 섞어 준다.

Yogurt Base

요구르트 드레싱❶

재료
플레인 요구르트 1/2통 / 저지방 우유 1큰술
레몬즙 1작은술 / 아가베시럽 1작은술

과정
모든 재료를 잘 섞어 준다.

Yogurt Base

요구르트 드레싱❷

재료
플레인 요구르트 1/2통 / 마요네즈 1큰술
레몬즙 1작은술 / 후추

과정
모든 재료를 잘 섞어 준다.

Yogurt Base

요구르트 드레싱❸

재료
플레인 요구르트 1/2통 / 마요네즈 1/2큰술
홀그레인 머스터드 1작은술 / 레몬즙 1작은술 / 후추

과정
모든 재료를 잘 섞어 준다.

Yogurt Base

요구르트 드레싱❹

재료

플레인 요구르트 1/2통 / 마요네즈 2큰술
레몬즙 1작은술 / 아가베시럽 1작은술
다진 마늘 1/2작은술 / 후추

과정

모든 재료를 잘 섞어 준다.

Yogurt Base

요구르트 드레싱❺

재료

플레인 요구르트 1/2통
그라나 파다노 치즈 갈아서 2큰술
레몬즙 1작은술 / 후추

과정

모든 재료를 잘 섞어 준다.

Yogurt Base

요구르트 드레싱❻

재료

플레인 요구르트 1/2통 / 리코타 치즈 30g
레몬즙 1작은술 / 파슬리 약간

과정

모든 재료를 잘 섞어 준다.

Fruits & Vegetable Base

키위 드레싱

재료

키위 1개 / 사과 1/6개 / 배 1/8개
플레인 요구르트 2큰술

과정

모든 재료를 잘 갈아 준다.

*과일의 당도에 따라 아가베시럽 1큰술을 추가해도 된다.

Fruits & Vegetable Base

파인애플 드레싱

재료

파인애플 1/2슬라이스 / 배 1/8개
플레인 요구르트 2큰술 / 아가베시럽 1큰술

과정

모든 재료를 잘 갈아 준다.

Fruits & Vegetable Base

홍시 드레싱

재료

홍시 1/2개(냉동 홍시도 가능) /
플레인 요구르트 1/2통 / 매실액 1큰술

과정

모든 재료를 잘 갈아 준다.

Fruits & Vegetable Base

오렌지 드레싱

재료

오렌지 1/2개 / 레몬즙 1큰술
올리브오일 1작은술 / 후추

과정

모든 재료를 잘 갈아 준다.

Fruits & Vegetable Base

파프리카 드레싱

재료

파프리카 1개 / 레몬즙 3큰술 / 간장 1큰술
연겨자 1작은술 / 아가베시럽 2큰술

과정

모든 재료를 잘 갈아 준다.

Plus Tip

참깨 드레싱

재료
깨 1큰술 / 검은깨 1작은술 / 마요네즈 5큰술
레몬즙 1큰술 / 간장 1작은술
참기름 1작은술 / 후추

과정
모든 재료를 잘 갈아 준다.

Plus Tip

홍초 드레싱

재료
홍초 5큰술 / 올리브오일 1큰술 / 천일염 / 후추

과정
모든 재료를 잘 섞어 준다.

Plus Tip

겉절이 드레싱

재료
고춧가루 1큰술 / 매실액 2큰술 / 레몬즙 1큰술
들기름 1큰술 / 멸치액젓 1큰술 / 깨 약간

과정
모든 재료를 잘 섞어 준다.

Plus Tip

동남아풍 드레싱

재료
피쉬 소스 2큰술(또는 멸치액젓 2큰술) / 레몬즙 3큰술
참기름 1작은술 / 아가베시럽 1작은술
다진 마늘 1큰술 / 다진 청양고추 1작은술 / 후추

과정
모든 재료를 잘 섞어 준다.

Plus Tip

와사비 마요네즈 드레싱

재료

와사비 1/2큰술 / 마요네즈 3큰술 / 레몬즙 1작은술
천일염 / 후추

과정

모든 재료를 잘 섞어 준다.

Plus Tip

피넛 버터 드레싱

재료

피넛 버터 2큰술 / 깨 2큰술 / 양파 1/4개
우유 3큰술 / 레몬즙 2큰술 / 설탕 1작은술
연겨자 1작은술 / 천일염 / 후추

과정

모든 재료를 잘 갈아 준다.

30가지 드레싱을 미니 북으로 만들어 보세요.
점선에 맞춰 잘라 작은 레시피 북으로 만들어 참고하면 더 편리합니다.
50가지 샐러드마다 어울리는 드레싱을 추천해 두었으니 참고하세요.

PART 1

건강하게 즐기는
초간단 홈카페 브런치
25

가든 샐러드

딸기 키위 샐러드

오렌지 자몽 샐러드

아스파라거스 샐러드

토마토 샐러드

바나나 샐러드

베리베리 샐러드

당근 사과 샐러드

단감 샐러드

석류 샐러드

망고 멜론 샐러드

파인애플 샐러드

견과류 샐러드

오이 샐러드

건강하게 즐기는
초간단 홈카페 브런치 25

카프레제 샐러드

화이트 아스파라거스 샐러드

로메인 샐러드

새싹 샐러드

아보카도 샐러드

하몽 샐러드

연근 샐러드

마 샐러드

미역 톳 샐러드

브로콜리 샐러드

낫토 샐러드

가든 샐러드

라디치오와 로메인으로 아삭한 식감을 내는 샐러드입니다.

• 어울리는 드레싱 •

발사믹 드레싱❶❷ / 간장 드레싱❶❷

재료

- 라디치오 2장
- 로메인 2장
- 어린잎 채소 1줌
- 양상추 2장
- 방울토마토 10개

1 라디치오, 로메인, 어린잎 채소, 양상추, 방울토마토를 먹기 좋은 크기로 자른다.
2 샐러드 재료를 접시에 담고 먹기 직전 드레싱을 곁들인다.

BRUNCH SALAD _ RECIPE 02

딸기 키위 샐러드

비타민이 풍부한 딸기와 엽산이 풍부한 키위가 만나 더 새콤달콤해졌습니다.

• 어울리는 드레싱 •

키위 드레싱 / 요구르트 드레싱❶
발사믹 드레싱❶ / 홍초 드레싱

재료

- 딸기 ---------- 10개
- 골드키위 ------- 1개
- 레드키위 ------- 1개
- 어린잎 채소 ----- 1줌

1 딸기와 키위는 먹기 좋은 크기로 자른다.
2 모든 샐러드 재료를 보기 좋게 담고 먹기 직전 드레싱을 뿌린다.

BRUNCH SALAD _ RECIPE 03

오렌지 자몽 샐러드

샐러드 재료로 좋은 엔다이브는 식탁에 꼭 올려야 하는 저칼로리 식재료입니다.

• 어울리는 드레싱 •

오렌지 드레싱 / 요구르트 드레싱❶
발사믹 드레싱❶ / 홍초 드레싱

재료

- 오렌지 ---------- 1/2개
- 자몽 ------------ 1/2개
- 엔다이브 --------- 2장
- 라디치오 --------- 2장
- 어린잎 채소 ------ 1줌

1 오렌지와 자몽의 과육은 먹기 좋게 발라낸다.
2 엔다이브, 라디치오는 먹기 좋은 크기로 자른다.
3 샐러드 재료를 그릇에 담고 먹기 직전 드레싱을 뿌
린다.

BRUNCH SALAD _ RECIPE 04

아스파라거스 샐러드

아스파라거스의 아랫부분은 질기므로 3cm 정도를 잘라낸 다음
필러를 이용해 다듬어 사용해 주세요.

• 어울리는 드레싱 •

홀그레인 머스터드 드레싱 / 참깨 드레싱
와사비 마요네즈 드레싱

재료

- 아스파라거스 --- 6줄기
- 베이컨 --- 6장
- 표고버섯 --- 2개
- 로메인 --- 3장

1 아스파라거스의 아랫부분을 3~4cm 정도 자르고 그 주변을 필러를 이용해 다듬는다.
2 아스파라거스에 베이컨을 한 장씩 돌돌 말아 팬에 노릇하게 익힌다.
3 다 굽고 난 베이컨 기름에 먹기 좋은 크기로 자른 표고버섯을 살짝 익힌다.
4 그릇에 먹기 좋은 크기로 자른 로메인을 담고 아스파라거스와 버섯을 올린 다음 먹기 직전 드레싱을 뿌린다.

BRUNCH SALAD _ RECIPE 05

토마토 샐러드

영양이 듬뿍 담긴 토마토의 과육을 즐길 수 있는 토마토 샐러드입니다.

• 어울리는 드레싱 •

발사믹 드레싱❷ / 요구르트 드레싱❶❻

재료

- 토마토 --------- 1/2개
- 방울토마토 ------ 10개
- 어린잎 채소 ------ 1줌

1 토마토는 다양한 종류로 준비하여 먹기 좋은 크기로 자른다.
2 토마토를 모두 접시에 담은 뒤 어린잎 채소를 올려 마무리한다.
3 드레싱은 먹기 직전 뿌린다.

바나나 샐러드

달콤한 바나나와 고소한 견과류가 만나 건강은 물론 맛도 좋은 샐러드가 완성됐습니다.

• 어울리는 드레싱 •

요구르트 드레싱❶❷❻

재료

- 바나나 ---------- 2개
- 푸룬 ---------- 2개
- 모둠 견과류* ----- 20g
- 건크랜베리 ------ 10g

* 호두, 아몬드, 피칸 etc.

1 바나나를 한입 크기로 자르고 푸룬도 반으로 자른다.
2 바나나와 푸룬, 건크랜베리를 골고루 담은 다음 모둠 견과류를 올리고 드레싱은 먹기 직전에 뿌린다.

베리베리 샐러드

슈퍼푸드인 베리류에 그리스에서 즐겨 먹는다는 페타 치즈를 곁들여 건강까지 챙겨 보세요.

• 어울리는 드레싱 •

요구르트 드레싱❶❷❻

재료

- 생블루베리 ------- 50g
- 냉동 믹스베리● --- 30g
- 체리 ------------- 5개
- 페타 치즈 ------- 20g
- 어린잎 채소 ------ 1줌

● 블랙베리, 라즈베리 etc.

1 모든 재료를 먹기 좋게 담는다.
2 먹기 직전 드레싱을 곁들인다.

BRUNCH SALAD _ RECIPE 08

당근 사과 샐러드

눈 건강에 도움을 주는 당근과 항산화 작용이 뛰어난 사과는 요리에 자주 쓰이는 재료입니다.

• 어울리는 드레싱 •

기본 드레싱 / 요구르트 드레싱❺
키위 드레싱 / 파인애플 드레싱

재료

- 당근 ---------- 1/2개
- 사과 ---------- 1개
- 아몬드 ---------- 10개

1 당근과 사과는 기터를 이용해 먹기 좋게 채 썬다.
2 모든 재료를 보기 좋게 담은 뒤 먹기 직전 드레싱을 뿌린다.

단감 샐러드

비타민C가 풍부한 단감은 항암 효과에도 좋은 과일입니다.

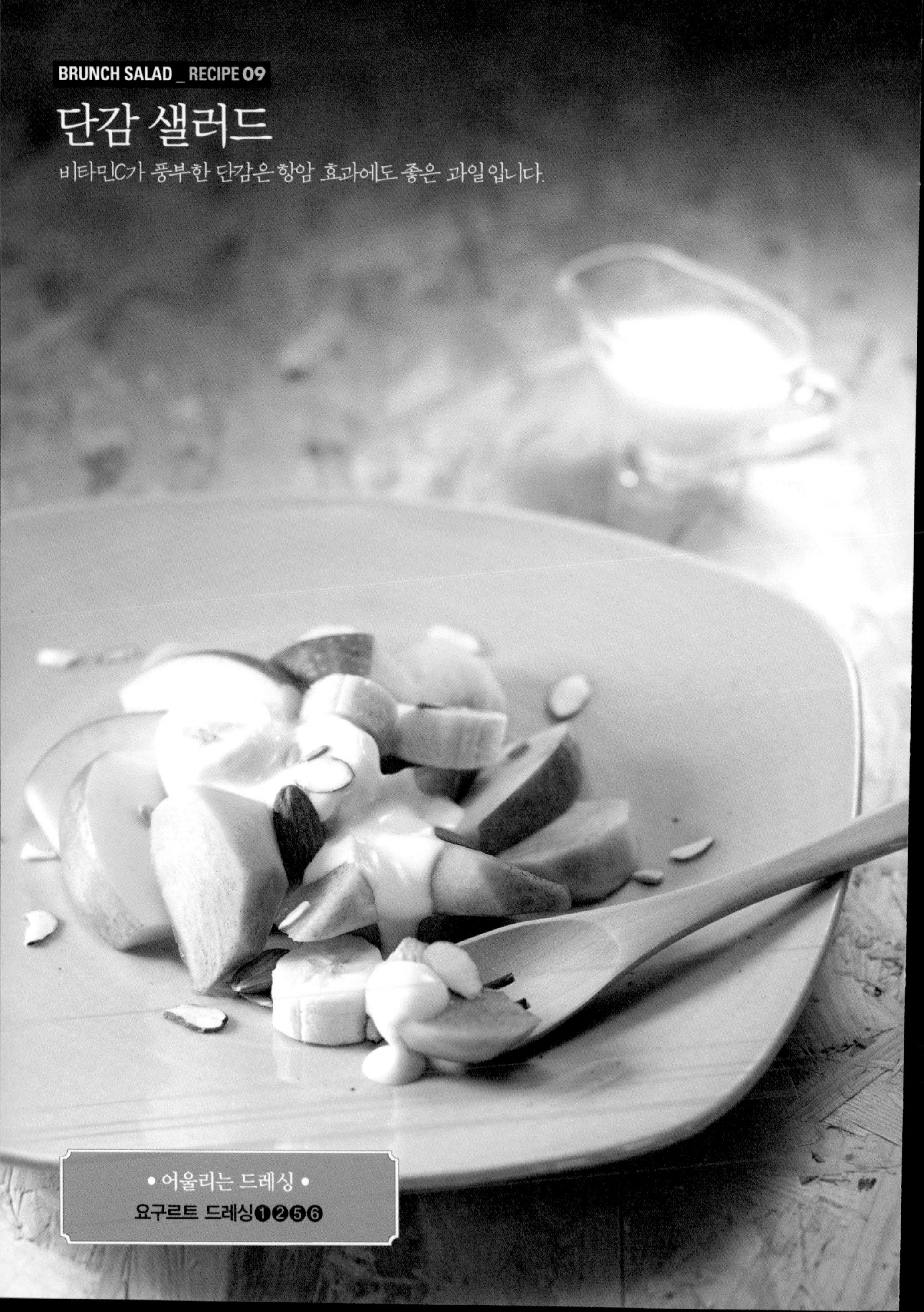

• 어울리는 드레싱 •

요구르트 드레싱❶❷❺❻

재료

- 단감 ------------ 1개
- 사과 ---------- 1/2개
- 바나나 -------- 1/2개
- 모둠 견과류* ----20g

* 호두, 아몬드, 피칸 etc.

1 단감과 사과, 바나나는 먹기 좋은 크기로 자른다.

2 단감, 사과, 바나나를 골고루 담고 견과류를 뿌린 다음 먹기 직전에 드레싱을 곁들인다.

BRUNCH SALAD _ RECIPE 10

석류 샐러드

입안에서 향긋하게 터지는 석류의 붉은 즙은 여성에게 좋은 영양 성분을 가지고 있답니다.

• 어울리는 드레싱 •

매실 드레싱❶❷ / 홍초 드레싱

재료

- 석류 ------------ 1개
- 로메인 ------------ 2장
- 엔다이브 -------- 2장
- 치커리 ----------- 2장
- 양상추 ---------- 2장
- 포도알 ----------10개
- 페타 치즈 ------ 20g

1 로메인, 엔다이브, 치커리, 양상추를 먹기 좋은 크기로 잘라 준비한다.

2 석류를 반으로 잘라 과육이 있는 면을 밑으로 가게 한다. 석류 껍질을 스푼으로 톡톡 쳐서 석류알이 떨어지게 한다.

3 모든 재료들을 접시에 담고 먹기 직전 드레싱을 뿌린다.

망고 멜론 샐러드

노란 망고, 푸른 멜론의 부드러운 식감이 달콤하게 잘 어우러져 매력적인 조화를 이룹니다.

• 어울리는 드레싱 •

기본 드레싱 / 오렌지 드레싱

재료

- 망고 ------------ 1개
- 멜론 ----------- 1/4개
- 포도알 ---------- 5개

1 망고와 멜론은 스쿠프나 계량스푼을 이용하여 동그랗게 파낸다.
2 모든 재료를 수북이 담고 먹기 직전에 드레싱을 뿌린다.

BRUNCH SALAD _ RECIPE 12

파인애플 샐러드

'천연 소화제'라 불리는 파인애플은 피로 회복에도 좋은 과일입니다.

• 어울리는 드레싱 •

파인애플 드레싱 / 키위 드레싱
홍시 드레싱

재료

- 슬라이스 파인애플 --- 2조각
- 바나나 --- 1개
- 블루베리 --- 10g

1 바나나를 한입 크기로 잘라 파인애플과 함께 접시에 담고 블루베리를 곁들인다. 드레싱은 먹기 직전 뿌린다.

견과류 샐러드

불포화지방산이 풍부한 견과류를 매일 30g 정도 섭취하면 건강에 도움이 됩니다.

• 어울리는 드레싱 •

요구르트 드레싱❶❷

재료

- 모둠 견과류● ------- 30g
- 건크랜베리 ---------- 10g
- 사과 ------------- 1/2개
- 오렌지 ------------ 1/2개
- 그라나 파다노 치즈 -- 약간

● 호두, 아몬드, 피칸 etc.

1 사과는 먹기 좋게 자르고 오렌지는 과육만 발라낸다.
2 먹기 직전 모든 재료를 드레싱에 버무린 다음 접시에 담고 그라나 파다노 치즈를 갈아 뿌린다.

오이 샐러드

오이와 참외는 가운데 씨 부분을 제거하고 요리를 해야 물기가 생기지 않습니다.

• 어울리는 드레싱 •

발사믹 드레싱❶❷ / 요구르트 드레싱❸❺

재료

- 오이 ------------ 1개
- 참외 ------------ 1/2개
- 셀러리 ---------- 1/2대
- 방울토마토 ------- 5개
- 건크랜베리 ------- 10g

1 오이와 참외는 씨 부분을 제거한다.
2 샐러드 재료들을 먹기 좋은 크기로 자른다.
3 셀러리도 한입 크기로 자른다.
4 재료를 골고루 담고 먹기 직전에 드레싱을 뿌린다.

COOKING TIPS 참외는 깨끗하게 씻어 껍질까지 섭취하면 더욱 좋습니다

카프레제 샐러드

토마토와 치즈가 주재료인 카프레제는 맛의 조화가 뛰어난 샐러드입니다.

• 어울리는 드레싱 •

발사믹 드레싱❶❷ / 매실 드레싱❶❷

재료

- 토마토 ---------- 1개
- 보코치니 치즈 --- 5개
- 바질 ----------- 5장
- 올리브오일 ----- 1큰술
- 파슬리 ----------약간

1 토마토는 한입 크기로 잘라 올리브오일을 두른 팬에 살짝 굽는다.
2 접시에 구운 토마토와 치즈, 바질을 담고 그 위에 파슬리를 살짝 뿌린다.
3 먹기 직전 드레싱을 뿌린다.

화이트 아스파라거스 샐러드

화이트 아스파라거스는 그린 아스파라거스에 비해 식감이 연하고
부드러워 샐러드 채소로 좋습니다.

• 어울리는 드레싱 •

발사믹 드레싱❷
홀그레인 머스터드 드레싱

재료

- 화이트 아스파라거스 6줄기
- 브로콜리 20g
- 프랑크 소시지 1개
- 버터 1큰술
- 통후추 약간

1 아스파라거스는 아랫부분을 3~4cm 정도 자르고 그 주변을 필러를 이용해 다듬어 끓는 물에 살짝 데친다.
2 아스파라거스를 건져내고 브로콜리를 넣어 데친다.
3 모든 재료들을 먹기 좋은 크기로 잘라 준비하고, 버터를 두른 팬에 넣어 볶는다.
4 볶은 샐러드 재료들을 접시에 담고 드레싱을 뿌린다.

BRUNCH SALAD _ RECIPE 17

로메인 샐러드

아삭하고 연한 로메인을 핑거푸드로 즐겨 보세요.

• 어울리는 드레싱 •

발사믹 드레싱❶❷

재료

- 로메인 ---------- 5장
- 키위 ---------- 1/2개
- 방울토마토 ------- 5개
- 생블루베리 ------ 30g
- 생모차렐라 치즈 -- 50g

1 로메인, 키위, 방울토마토는 한입 크기로 자른다.
2 치즈도 먹기 좋은 크기로 찢어 둔다.
3 로메인을 먼저 담고 나머지 재료를 로메인 위에 올린 다음 먹기 직전 드레싱을 뿌린다.

BRUNCH SALAD _ RECIPE 18

새싹 샐러드

새싹은 비타민이 풍부한 웰빙 식품으로 샐러드와 잘 어울립니다.

• 어울리는 드레싱 •

발사믹 드레싱❶❷ / 오렌지 드레싱
파프리카 드레싱

재료

- 새싹 ------------ 1줌
- 루꼴라 -------- 2줄기
- 로메인 ---------- 2장
- 치커리 ---------- 2장
- 라디치오 -------- 2장
- 파프리카 ------- 1/2개
- 모둠 견과류* ------ 1줌

* 호두, 아몬드, 피칸 etc.

1 새싹을 제외한 모든 재료는 먹기 좋은 크기로 잘라 접시에 담는다.

2 ①의 접시에 새싹을 골고루 올리고 먹기 직전 드레싱을 뿌린다.

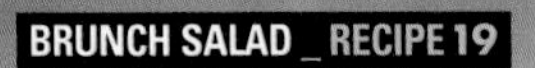

BRUNCH SALAD _ RECIPE 19

아보카도 샐러드

'숲 속의 버터'라 불리는 아보카도는 미네랄이 풍부한 건강 과일입니다.

• 어울리는 드레싱 •

발사믹 드레싱❶❷ / 오렌지 드레싱

재료

- 아보카도 --------- 1개
- 방울토마토 ------ 5개
- 올리브 ---------- 2개
- 페타 치즈 ------- 20g
- 어린잎 채소 ----- 1/2줌
- 옥수수 캔 ------- 30g

1 아보카도는 씨를 빼고 먹기 좋은 크기로 자른다.
2 방울토마토, 올리브는 반으로 잘라 준비한다.
3 옥수수는 물기를 빼서 준비한다.
4 모든 재료들을 먹기 좋게 담고 먹기 직전 드레싱을 뿌린다.

BRUNCH SALAD _ RECIPE 20

하몽 샐러드

간간한 하몽과 달콤한 멜론이 색다른 조화를 이루는 샐러드를 소개합니다.

• 어울리는 드레싱 •

기본 드레싱

재료

- 하몽 --------------- 100g
- 멜론 --------------- 1/2통
- 그라나 파다노 치즈 --- 약간
- 통후추 --------------- 약간

1 멜론은 보트 모양으로 자른 뒤 씨를 제거하고 껍질과 과육을 분리한다.
2 보트 모양으로 자른 멜론을 반으로 잘라 한 조각씩 하몽으로 감싼다.
3 하몽으로 감싼 멜론 위에 그라나 파다노 치즈와 통후추를 갈아 살짝 뿌리고 드레싱도 흩뿌리듯 뿌려 준다.

COOKING TIPS 하몽 샐러드는 드레싱을 1~2큰술 정도만 가볍게 뿌려 먹는 것을 추천합니다.

BRUNCH SALAD _ RECIPE 21

연근 샐러드

뿌리채소인 연근과 당근은 식이섬유가 풍부해 자주 챙겨 먹어야 하는 채소입니다.

• 어울리는 드레싱 •

간장 드레싱❶❷ / 된장 드레싱❷
참깨 드레싱

재료

- 연근 ------------ 80g
- 당근 ------------ 30g
- 양상추 ---------- 2장
- 파프리카 -------- 1개
- 오일 ------------ 1큰술

1 연근은 1~2mm 두께로 얇게 썰어 끓는 물에 1분 정도 데치고 찬물에 10분 정도 담갔다가 물기를 뺀다.
2 팬에 오일을 두르고 연근을 앞뒤로 노릇하게 굽는다.
3 당근과 파프리카는 얇게 썰고 양상추도 먹기 좋은 크기로 자른다.
4 준비한 샐러드 재료를 드레싱과 함께 버무려 접시에 담는다.

COOKING TIPS 연근의 물기를 잘 제거해야 오일 두른 팬에 익힐 때 기름이 튀지 않아요.

BRUNCH SALAD _ RECIPE 22

마 샐러드

영양이 가득한 마를 상큼한 사과와 함께 드레싱과 버무려
숟가락으로 떠 먹도록 만든 샐러드입니다.

• 어울리는 드레싱 •

요구르트 드레싱❷❺❻

재료

- 마 ------------100g
- 사과 ---------- 1/2개
- 레몬즙 -------- 1큰술
- 어린잎 채소 ------ 1줌
- 아가베시럽 -- 1작은술

1 마는 위생 장갑을 끼고 껍질을 벗긴 후 깍둑썰기로 자른다. 레몬은 즙으로 준비한다.
2 사과는 마와 같은 크기로 자른 다음 마와 함께 레몬즙에 버무린다.
3 ②의 마와 사과를 드레싱과 함께 버무린다.
4 마와 사과를 담고 어린잎 채소를 올린 다음 아가베시럽을 골고루 뿌려 마무리한다.

미역 톳 샐러드

미역과 톳은 요오드 성분과 식이섬유가 풍부하면서 칼로리가 적어 다이어트에 좋습니다.

• 어울리는 드레싱 •

간장 드레싱❶ / 간장 겨자 드레싱
고추장 드레싱

재료

- 불린 미역 -------- 20g
- 불린 톳 ---------- 20g
- 오이 ----------- 1/2개
- 생식두부 -------- 50g
- 통깨 ------------ 약간

1 미역과 톳은 찬물에 담가 불린 다음, 끓는 물에 넣고 살짝 데친 후 찬물에 헹궈 물기를 뺀다.
2 오이는 씨를 제거하여 잘라 주고 두부는 한입 크기로 자른다.
3 모든 재료를 접시에 담고 먹기 직전 드레싱과 깨를 뿌린다.

브로콜리 샐러드

브로콜리는 피부 미용에 좋고 항암 효과가뛰어난 웰빙 식품입니다.

• 어울리는 드레싱 •

발사믹 드레싱❷ / 된장 드레싱❷
요구르트 드레싱❺ / 참깨 드레싱

재료

- 브로콜리 --------- 50g
- 오렌지 --------- 1/2개
- 방울토마토 ------- 5개
- 옥수수 캔 -------- 30g

1 브로콜리는 한입 크기로 잘라 끓는 물에 데친 후 찬물에 헹궈 물기를 뺀다. 이때 옥수수알도 함께 물기를 뺀다.
2 오렌지와 방울토마토는 먹기 좋은 크기로 잘라 준비한다.
3 모든 재료를 담고 먹기 직전 드레싱을 뿌린다.

BRUNCH SALAD _ RECIPE 25

낫토 샐러드

장수 식품으로 잘 알려진 낫토는우리의 된장과 청국장처럼 몸에 좋은 발효 식품입니다.

• 어울리는 드레싱 •

간장 겨자 드레싱

재료

- 낫토 ------------ 1팩
(간장과 겨자 소스 포함)
- 생식두부 -------- 50g
- 방울토마토 ------ 5개
- 엔다이브 -------- 2장

1 낫토에 동봉된 간장과 겨자 소스를 넣고 젓가락을 이용해 잘 섞어 준다.
2 두부와 방울토마토는 한입 크기로 자른다.
3 엔다이브를 한입 크기로 뜯어 낫토와 두부, 방울토마토를 올린다.
4 먹기 직전 드레싱을 살짝 뿌려 먹는다.

COOKING TIPS 낫토에 간이 되어 있으므로 드레싱은 살짝 뿌려 주세요.

PART 2

유명 카페 부럽지 않은
럭셔리 홈카페 브런치
25

구운 채소 샐러드

시금치 샐러드

새송이 버섯 샐러드

새우 샐러드

모둠 치즈 샐러드

두부 구이 샐러드

수란 샐러드

차돌박이 숙주볶음 샐러드

우동 샐러드

메추리알 샐러드

달걀 카나페 샐러드

가지 두부 샐러드

치킨 망고 샐러드

쌀국수 샐러드

유명 카페 부럽지 않은
럭셔리 홈카페 브런치 25

해물 샐러드

통오징어 버터구이 샐러드

치킨 샐러드

스테이크 샐러드

포크 커틀릿 샐러드

무화과 샐러드

떡 샐러드

참치 샐러드

브루스케타 샐러드

현미 샐러드

연어 샐러드

구운 채소 샐러드

가지, 애호박, 버섯, 양파, 아스파라거스를 구워 해바라기씨와 곁들이면 영양 가득 한 끼가 됩니다.

• 어울리는 드레싱 •

발사믹 드레싱❷ / 간장 드레싱❷❸

재료

- 가지 ---------------- 1/2개
- 애호박 ---------------- 1/2개
- 새송이 버섯 ---------- 1개
- 원형 슬라이스 양파 -- 1조각
- 아스파라거스 ------ 2줄기
- 해바라기씨 -------- 1큰술
- 통후추 ------------ 약간

1 가지, 애호박, 버섯은 먹기 좋은 크기로 자르고 아스파라거스는 밑부분을 3~4cm 정도 잘라 다듬는다.
2 준비한 채소를 팬에 그릴 자국이 나도록 구우면서 통후추를 뿌려 준다.
3 구운 재료를 접시에 담고 해바라기씨를 뿌린 다음 먹기 직전 드레싱을 뿌린다.

시금치 샐러드

나물이나 국으로 주로 먹는 시금치를 서양에서는 샐러드 채소로 자주 이용한답니다.

• 어울리는 드레싱 •

기본 드레싱 / 발사믹 드레싱❶
참깨 드레싱

재료

- 시금치 ------------ 100g
- 베이컨 ------------ 2줄
- 새송이 버섯 ---------- 1개
- 올리브오일 --------- 1큰술
- 아몬드 슬라이스 ------ 약간
- 그라나 파다노 치즈 약간

1 시금치는 깨끗하게 씻어 준비하고 베이컨과 버섯은 잘게 자른다.
2 먼저 팬에 베이컨을 볶다가 한쪽으로 밀고 올리브오일을 둘러 버섯을 넣어 볶는다.
3 ②의 팬에 시금치를 넣고 재빨리 뒤섞은 다음 시금치 숨이 죽으면 불을 끈다.
4 준비한 재료를 담고 아몬드를 흩뿌린 후 뜨거울 때 드레싱을 뿌리고 치즈를 갈아 올린다.

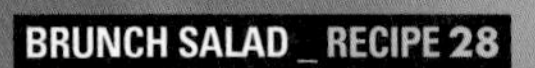

새송이 버섯 샐러드

새송이 버섯에서 나오는 풍부한 버섯 향과 쫄깃한 식감이 매력적인 샐러드입니다.

• 어울리는 드레싱 •

발사믹 드레싱❷ / 참깨 드레싱

재료

- 새송이 버섯 ------ 2개
- 파프리카 ----- 1/2개
- 양상추 ---------- 3장
- 올리브오일 ---- 1큰술
- 통후추 -------- 약간

1 새송이 버섯과 파프리카는 길게 자르고 양상추는 가늘게 썬다.
2 팬에 올리브오일을 두르고 버섯과 파프리카를 구우면서 후추를 갈아 뿌려 준다.
3 구운 채소를 담고 양상추를 올린 다음 먹기 직전에 드레싱을 뿌린다.

새우 샐러드

새우 샐러드를 만들 때는 새우에 밑간을 해 10분 정도 재워 두는 것을 잊지 마세요.

• 어울리는 드레싱 •

발사믹 드레싱❶ / 간장 드레싱❷
된장 드레싱❷ / 동남아풍 드레싱

재료

- 냉동 새우살 ---- 100g
- 브로콜리 -------- 20g
- 로메인 ---------- 2장
- 치커리 ---------- 1장
- 맛술 ---------- 1큰술
- 통후추 --------- 약간
- 카놀라유 ----- 1큰술

1. 새우는 10분 정도 맛술에 재운다. 팬에 오일을 두르고 새우를 볶으면서 통추후를 갈아 뿌려 준다.
2. 브로콜리는 끓는 물에 데쳐 먹기 좋은 크기로 자른다. 로메인, 치커리도 한입 크기로 잘라 준비한다.
3. 준비한 재료를 접시에 골고루 담고 먹기 직전에 드레싱을 뿌린다.

BRUNCH SALAD _ RECIPE 30

모둠 치즈 샐러드

다양한 치즈들이 만들어 내는 맛의 앙상블이 궁금하다면 모둠 치즈 샐러드를 추천합니다.

• 어울리는 드레싱 •

기본 드레싱 / 발사믹 드레싱❶

재료

- 모둠 치즈● ---------- 50g
- 그라나 파다노 치즈 --- 약간
- 적치커리 ---------- 4장
- 비타민 ---------- 10장
- 푸룬 ---------- 2개
- 건크랜베리 ---------- 10g
- 피스타치오 ---------- 10g

● 리코타 치즈, 보코치니 치즈, 생 모차렐라 치즈

1 직치기리, 비타민은 한입 크기로 자른다.
2 준비한 모둠 치즈와 재료를 모두 담는다.
3 그라나 파다노 치즈를 갈아 뿌린다. 먹기 직전 드레싱을 곁들인다.

COOKING TIPS 치즈와 채소는 취향에 따라 준비해 보세요.

BRUNCH SALAD _ RECIPE 31

두부 구이 샐러드

간장이나 된장을 베이스로 드레싱을 만들어 곁들이면 맛은 물론 영양까지 두루 갖추게 됩니다.

• 어울리는 드레싱 •

간장 드레싱❶ / 된장 드레싱❷
동남아풍 드레싱

재료

- 부침용 두부 ---- 100g
- 파프리카 ------ 1/2개
- 치커리 --------- 2장
- 어린잎 채소 ---- 1/2줌
- 올리브오일 ---- 2큰술

1 두부와 파프리카는 한입 크기로 자른다.
2 팬에 오일을 두르고 두부를 단단하게 부친 다음 파프리카를 넣어 익힌다.
3 치커리를 먹기 좋은 크기로 잘라 접시에 담고 두부, 파프리카, 어린잎 채소를 올린다.
4 먹기 직전에 드레싱을 뿌린다.

BRUNCH SALAD _ RECIPE 32

수란 샐러드

끓는 물에 퐁당 떨어뜨려 만드는 수란은 달걀을 가장 담백하게 즐길 수 있는 조리법입니다.

• 어울리는 드레싱 •

발사믹 드레싱❷

재료

- 달걀 ---------- 2개
- 베이컨 ---------- 2줄
- 방울토마토 ----- 4개
- 루꼴라 ---------- 20g
- 어린잎 채소 ---- 1/2줌
- 식초 ---------- 1큰술
- 카놀라유 ------- 약간

1 카놀라유를 바른 국자에 달걀을 하나씩 담는다.
2 식초를 넣은 끓는 물에 달걀을 떨어뜨려 수란을 만든다.
3 베이컨은 반으로 잘라 팬에 올려 익힌다. 방울토마토는 반으로 잘라 준비한다.
4 루꼴라와 어린잎 채소를 접시에 깔고 그 위에 수란과 베이컨, 방울토마토를 올린다.
5 먹기 직전에 드레싱을 뿌린다.

차돌박이 숙주볶음 샐러드

숙주와 함께 얇게 썬 차돌박이를 곁들이면 환상적인 맛의 궁합을 즐길 수 있습니다.

• 어울리는 드레싱 •

간장 드레싱❶ / 간장 겨자 드레싱

재료

- 차돌박이 ------- 100g
- 숙주 ----------- 150g
- 새송이 버섯 ------ 1개
- 카놀라유 ------ 1큰술
- 쯔유 -------- 1작은술
- 맛술 -------- 1작은술
- 통후추 --------- 약간

1 달군 팬에 차돌박이를 넣어 재빠르게 익히고 덜어낸다.
2 차돌박이를 덜어낸 팬에 버섯을 넣고 먼저 볶다가 쯔유, 맛술, 후추와 덜어낸 차돌박이를 넣고 다시 섞는다.
3 ②의 팬에 숙주를 넣고 재빠르게 볶은 다음 불을 끈다.
4 준비한 재료를 접시에 골고루 담고 먹기 직전에 드레싱을 뿌린다.

COOKING TIPS 숙주는 금세 숨이 죽기 때문에 너무 오래 볶지 않습니다.

BRUNCH SALAD _ RECIPE 34

우동 샐러드

탱탱하고 쫄깃한 우동 면발과 산뜻하고 톡 쏘는 간장 겨자 드레싱 덕분에
입맛이 다시 살아나는 샐러드입니다.

• 어울리는 드레싱 •

간장 겨자 드레싱

재료

- 우동면 ---------- 1개
- 냉동 새우살 ----- 50g
- 로메인 ---------- 1장
- 치커리 ---------- 1장
- 삶은 메추리알 ---- 1개
- 방울토마토 2개

1 우동면은 끓는 물에 삶아 찬물에 헹궈 물기를 뺀다.
2 우동을 삶은 물에 새우살을 넣어 익힌다. 로메인, 치커리는 먹기 좋은 크기로 잘라 준비한다.
3 면에 간장 겨자 드레싱을 반만 넣고 잘 버무려 접시에 담은 다음 면 위에 새우와 채소를 올린다.
4 먹기 직전에 나머지 드레싱을 마저 뿌려 비빈 다음 메추리알과 방울토마토를 올려 마무리한다.

메추리알 샐러드

꼬치에 샐러드 재료를 꽂아 쏙쏙 빼먹는 샐러드를 소개합니다.

• 어울리는 드레싱 •

홀그레인 머스터드 드레싱

재료

- 메추리알 ------ 10개
- 치커리 --------- 2장
- 파프리카 ------ 1/4개
- 양송이버섯 ----- 2개
- 올리브 --------- 5개
- 꼬치 ----------- 5개

1 메추리알은 삶아 껍질을 깐다.

2 치커리와 파프리카는 한입 크기로 자르고 양송이버섯은 반으로 자른다. 파프리카와 양송이버섯은 팬에 살짝 굽는다.

3 꼬치에 준비한 재료를 골고루 끼우고 드레싱을 곁들인다.

BRUNCH SALAD _ RECIPE 36

달걀 카나페 샐러드

삶은 달걀에 매콤한 파프리카 파우더를 뿌려 즐기는 달걀 카나페 샐러드의 묘한 매력을 즐겨 보세요.

• 어울리는 드레싱 •

요구르트 드레싱❺

재료

- 달걀 ------------ 2개
- 오렌지 -------- 1/2개
- 브로콜리 ------- 20g
- 파프리카 파우더 -- 약간

1 달걀은 완숙으로 삶은 다음 껍질을 까서 반으로 잘라 노른자를 분리한다.
2 노른자에 준비한 요구르트 드레싱을 1~2큰술 넣고 섞어 짤주머니에 넣는다.
3 분리해 둔 흰자에 ②를 짜서 채워 넣고 파프리카 파우더를 톡톡 뿌려 준다.
4 오렌지와 브로콜리를 ③과 함께 곁들이고 먹기 직전 나머지 드레싱을 뿌린다.

COOKING TIPS 파프리카 파우더는 고운 고춧가루와 비슷한 매콤한 향신료입니다.

BRUNCH SALAD _ RECIPE 37

가지 두부 샐러드

짭조름한 잔멸치와 가츠오부시가 가지와 두부의 담백함을 살려 주는 샐러드입니다.

• 어울리는 드레싱 •

간장 겨자 드레싱

재료

- 가지 ---------- 1/2개
- 부침용 두부 ----- 50g
- 잔멸치 -------- 2큰술
- 양상추 ---------- 2장
- 가츠오부시 ---- 1큰술
- 카놀라유 ------ 2큰술

1 잔멸치는 기름기 없이 팬에 볶아 덜어낸 다음 식혀 준비한다.
2 가지와 두부는 먹기 좋은 크기로 자르고 양상추는 채 썬다.
3 팬에 카놀라유를 두르고 두부를 부친 다음, 가지를 넣어 살짝 볶아 준다.
4 채 썬 양상추, 가지와 두부를 담고 잔멸치를 올린 다음 드레싱을 부어 준다.
5 마지막으로 가츠오부시를 뿌려 마무리한다.

COOKING TIPS 잔멸치를 한 번 볶아 사용하면 비린내가 나지 않고 바삭합니다.

BRUNCH SALAD _ RECIPE 38

치킨 망고 샐러드

달콤한 맛과 향을 지닌 망고와 닭 안심이 만나 고단백 저칼로리 샐러드가 완성됐습니다.

• 어울리는 드레싱 •

발사믹 드레싱❶ / 요구르트 드레싱❹

재료

- 닭 안심 ---------- 80g
- 망고 ---------- 1개
- 로메인 ---------- 2장
- 치커리 ---------- 1장
- 아몬드 슬라이스 -- 약간
- 천일염 ---------- 약간
- 통후추 ---------- 약간
- 오일 ---------- 적당량

1 팬에 오일을 두르고 닭 안심을 굽는다.
천일염과 후추로 간을 하면서 닭 안심을 노릇하게 익혀 먹기 좋게 찢어 준비한다.

2 망고는 과육만 발라내고 로메인과 치커리는 한입 크기로 자른다.

3 ①과 ②의 재료를 담고 아몬드 슬라이스를 뿌린 다음 먹기 직전 드레싱을 뿌린다.

쌀국수 샐러드

쌀국수는 소화가 잘 되고 부담스럽지 않아 좋습니다.
이국적이면서 특별한 샐러드가 생각날 때 도전해 보세요.

• 어울리는 드레싱 •
동남아풍 드레싱

재료

- 버미셀리 ------- 40g
- 숙주 ----------- 50g
- 냉동 새우살 ---- 30g
- 로메인 ---------- 2장
- 홍고추 --------- 1/2개
- 방울토마토 ------ 2개
- 모둠 견과류● --- 적당량

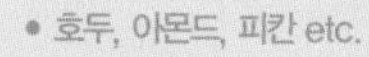

● 호두, 아몬드, 피칸 etc.

1 끓는 물에 버미셀리를 넣고 뚜껑을 덮어 4~5분 정도 불린 다음 찬물로 헹궈 물기를 뺀다.
2 ①의 냄비에 숙주와 새우도 데친 다음 한김 식혀 준비한다.
3 로메인은 채 썰고 홍고추와 방울토마토는 먹기 좋은 크기로 자른다.
4 준비해 둔 면과 재료에 드레싱을 반만 넣어 잘 버무리고 모둠 견과류를 다져 뿌린다.
5 먹기 직전에 나머지 드레싱을 넣고 비벼 먹는다.

COOKING TIPS 하나의 냄비에 물을 끓여 재료를 순서대로 익히면 편리합니다.

해물 샐러드

짭조름한 오징어의 탱글한 식감과 향긋한 오렌지의 달콤한 향이 제법 잘 어울립니다.

• 어울리는 드레싱 •

간장 드레싱❶ / 오렌지 드레싱
고추장 드레싱

재료

- 오징어(몸통) --- 150g
- 냉동 새우 -------40g
- 오렌지 -------- 1/2개
- 메추리알 ------- 2개
- 어린잎 채소 ---1/2줌
- 맛술 --------- 1큰술
- 통후추 ---------약간

1 오징어와 새우는 맛술과 후추를 뿌려 10분간 재운다. 끓는 물에 오징어를 1~2분 정도 데쳐 링 모양으로 썰고 새우도 데쳐 꺼낸다.

2 메추리알은 삶아 껍질을 벗긴다. 오렌지는 먹기 좋은 크기로 자른다.

3 준비한 재료들을 먹기 좋게 담고 드레싱을 뿌린다.

통오징어 버터구이 샐러드

오징어 한 마리가 통째로 접시에 올려져 푸짐함을 더한 건강 샐러드입니다.

• 어울리는 드레싱 •

와사비 마요네즈 드레싱

재료

- 오징어 1마리
- 버터 1큰술
- 다진 마늘 1작은술
- 천일염 1꼬집
- 그라나 파다노 치즈 약간
- 어린잎 채소 1/2줌

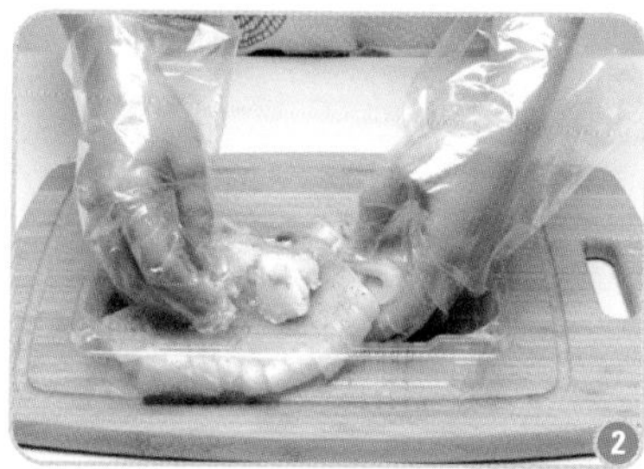

1 오징어는 깨끗하게 씻은 다음 몸통과 다리를 분리한다. 이때 몸통 양 옆을 가위로 칼집을 낸다.
2 위생 장갑을 끼고 오징어에 버터와 다진 마늘을 골고루 발라 주고 천일염을 뿌린다.
3 팬에 오징어를 노릇하게 굽는다.
4 구운 오징어를 먹기 좋게 담고 어린잎 채소를 곁들인 뒤 그라나 파다노 치즈를 갈아 뿌린다.
5 통오징어 버터구이는 드레싱에 찍어 먹는다.

COOKING TIPS 버터는 오징어의 겉과 속에 골고루 발라 주세요.

치킨 샐러드

고소하고 톡 쏘는 피넛 버터 드레싱으로 치킨 샐러드의 맛을 업그레이드시켰습니다.

• 어울리는 드레싱 •

피넛 버터 드레싱

재료

- 닭가슴살 ------100g
- 적양파 --------1/2개
- 오이 -----------1/2개
- 래디시 ----------1개
- 양상추 ----------2장
- 천일염 ------ 1꼬집
- 맛술 ----------1큰술
- 통후추 ---------약간

1 닭가슴살은 맛술과 후추에 10분 정도 재웠다가 천일염을 뿌려 오븐이나 팬에 구워 잘게 찢는다.
2 적양파는 얇게 썰어 찬물에 담가 매운기를 없앤다.
3 오이와 래디시는 얇게 채 썰고 양상추는 한입 크기로 자른다.
4 준비한 모든 재료를 담고 먹기 직전에 드레싱을 뿌린다.

BRUNCH SALAD _ RECIPE 43

스테이크 샐러드

스테이크를 곁들여 더욱 든든해진 샐러드 레시피를 소개합니다.

• 어울리는 드레싱 •

간장 겨자 드레싱 / 겉절이 드레싱

재료

- 등심 ---------- 100g
- 로메인 --------- 2장
- 치커리 ---------- 2장
- 적양파 --------- 1/4개
- 올리브오일 ---- 1큰술
- 천일염 -------- 1꼬집
- 통후추 -------- 약간

1 스테이크용 등심은 올리브오일, 천일염, 후추에 10분 정도 재운 다음 한입 크기로 잘라 앞뒤로 굽는다. 적양파는 얇게 썰어 찬물에 담가 매운기를 없앤다.

2 로메인과 치커리는 먹기 좋은 크기로 자른다.

3 모든 재료에 드레싱을 반 정도 넣어 버무린 다음 먹기 직전에 나머지 드레싱을 뿌린다.

포크 커틀릿 샐러드

포크 커틀릿은 쉽게 말해 돈가스입니다. 시판용 돈가스를 이용해 간단하게 만들어 보세요.

• 어울리는 드레싱 •

참깨 드레싱 / 와사비 마요네즈 드레싱

재료

- 포크 커틀릿 (돈가스) ---- 100g
- 양배추 -------- 4장
- 방울토마토 ---- 2개

1 포크 커틀릿은 앞뒤로 노릇하게 튀긴다.
2 튀긴 포크 커틀릿은 먹기 좋은 크기로 자른다.
3 양배추는 채를 썰고 방울토마토는 반으로 자른다.
4 접시에 양배추를 담고 포크 커틀릿과 방울토마토를 올린 다음 먹기 직전에 드레싱을 뿌린다.

무화과 샐러드

부드럽게 터지는 무화과의 은은한 달콤함이 매력적인 샐러드입니다.

• 어울리는 드레싱 •

기본 드레싱 / 발사믹 드레싱❶

재료

- 무화과 ---------- 4개
- 로메인 ---------- 2장
- 치커리 ---------- 2장
- 피스타치오 ---------- 10g
- 크랜베리 ---------- 5g
- 그라나 파다노 치즈 --- 약간

1 무화과는 4등분하고 로메인과 치커리는 한입 크기로 자른다.

2 무화과와 로메인, 치커리를 접시에 담고 피스타치오와 크랜베리를 골고루 올린다.

3 치즈를 갈아 뿌려 주고 먹기 직전 드레싱을 뿌린다.

떡 샐러드

가래떡을 바삭하게 튀기듯 구워 토핑처럼 올린 샐러드입니다.

• 어울리는 드레싱 •

간장 드레싱❸ / 간장 겨자 드레싱

재료

- 현미 가래떡 --- 100g
- 양상추 --------- 2장
- 라디치오 ------ 2장
- 브로콜리 ------- 20g
- 토마토 ------- 1/2개
- 모둠 견과류* ---- 10g
- 카놀라유 ----- 2큰술

* 호두, 아몬드, 피칸 etc.

1 떡은 한입 크기로 잘라 오일을 두른 팬에 바삭하게 튀기듯 익힌다.

2 양상추, 라디치오, 브로콜리, 토마토는 한입 크기로 잘라 준비한다.

3 그릇에 준비한 모든 재료를 골고루 담고 먹기 직전에 드레싱을 뿌린다.

BRUNCH SALAD _ RECIPE 47

참치 샐러드

손쉽게 구할 수 있는 참치 캔으로 샐러드를 만들어 보세요.

• 어울리는 드레싱 •

와사비 마요네즈 드레싱

재료

- 참치 캔 ---------100g
- 적양파 ---------1/4개
- 깻잎 ---------2장
- 양상추 ---------2장
- 새싹 ---------1/2줌
- 통후추 ---------약간

1 참치는 기름기를 빼고 준비한다.
2 적양파는 얇게 썰어 찬물에 담가 매운기를 없앤다.
3 깻잎은 채 썰고 양상추는 먹기 좋은 크기로 자른다.
4 그릇에 먼저 양상추를 깔고 참치, 적양파, 깻잎을 올린 다음 통후추를 갈아 뿌린다.
5 새싹을 올려 마무리하고 먹기 직전에 드레싱을 뿌린다.

BRUNCH SALAD _ RECIPE 48

브루스케타 샐러드

브루스케타는 바게트 빵에 올리브오일을 바르고 간단한 재료를 올려 먹는 핑거푸드입니다.

• 어울리는 드레싱 •

기본 드레싱 / 발사믹 드레싱❶

재료

- 바게트 -------- 5조각
- 올리브오일 ---- 1큰술
- 통마늘 --------- 1개
- 방울토마토 ------ 5개
- 보코치니 치즈 --- 5개
- 바질 ------------ 5장

1 바게트에 올리브오일을 발라 준비한다.
2 마늘을 반으로 잘라 ①의 바게트에 골고루 문질러준다.
3 방울토마토와 치즈는 4등분하고 바질은 잘게 자른다.
4 준비해 둔 바게트에 방울토마토, 치즈, 바질을 올리고 드레싱을 뿌려 먹는다.

현미 샐러드

잡곡으로 만든 샐러드는 식사 대용으로도 좋습니다.

• 어울리는 드레싱 •

기본 드레싱 / 매실 드레싱❶

재료

- 현미 ---------- 1/2컵
- 검은콩 ------ 1큰술
- 팥 -------- 1작은술
- 양상추 --------- 2장
- 사과 --------- 1/4개
- 래디시 -------- 1개
- 아몬드 슬라이스 -- 약간

1 검은콩과 팥은 반나절 정도 불렸다가 미리 삶아 준비하고 현미는 1시간 정도 불려 둔다.
2 불린 현미를 냄비에 넣고 현미가 잠기도록 물을 붓고 끓인다.
3 현미가 익으면 뚜껑을 열고 식힌 다음 꺼내 찬물에 잘 헹구고 넓게 펼쳐 물기를 뺀다.
4 양상추, 사과, 래디시는 한입 크기로 잘라 그릇에 담고 준비해 둔 현미를 흩뿌리듯 올린 다음 아몬드를 곁들인다.
5 먹기 직전에 드레싱을 뿌린다.

연어 샐러드

오메가3 지방산이 풍부한 연어는 노화 방지에 탁월한 효과가 있습니다.

• 어울리는 드레싱 •

기본 드레싱 / 요구르트 드레싱❺❻

재료

- 훈제연어 --------100g
- 적양파 --------1/4개
- 무순 --------1/2줌
- 레몬 --------1/2개
- 어린잎 채소 ------1줌
- 케이퍼 ------1/2큰술

1 적양파는 얇게 썰어 찬물에 담갔다가 물기를 뺀다.
2 적양파와 무순을 훈제연어에 올려 돌돌 만다.
3 돌돌 말아 둔 ②의 연어를 접시에 담고 얇게 슬라이스한 레몬과 어린잎 채소를 곁들인다.
4 ③의 연어말이에 케이퍼와 드레싱을 뿌려 마무리한다.

THANKS TO

그릇 협찬
제이앳홈 | 모리다인

하루 한 끼
홈카페 브런치

초판 1쇄 인쇄 2019년 9월 16일
초판 1쇄 발행 2019년 9월 25일

지은이 이현주
펴낸이 안종남

펴낸 곳 지식인하우스
브랜드 홈스토리
출판등록 2011년 3월 31일 제 2011-000058호
주소 04035 서울시 마포구 양화로7길 55(서교동) 신양빌딩 201호
전화 02)6082-1070
팩스 02)6082-1035
전자우편 book@jsinbook.com
블로그 blog.naver.com/jsinbook
인스타그램 @jsinbook

ISBN 979-11-85959-91-7 13590